电池科普与环保②

电池简史

马建民 / 主编　　咪柯文化 / 绘

电子科技大学出版社
University of Electronic Science and Technology of China Press

· 成都 ·

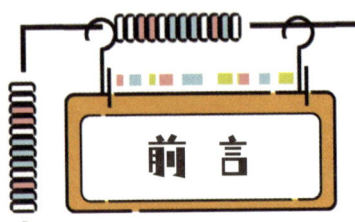

人类对能源的探索永不停止

人类对能源的探索,自古以来就未曾停歇。由于地球上可供开采的煤炭、石油、天然气等非再生能源十分有限,因此,现在全世界都将目光聚焦在太阳能、风能、核能、潮汐能等再生能源的开发与利用上。

能源问题是关系国家安全、社会稳定和经济发展的重大战略问题。如何优化资源配置,提高能源的有效利用率,对人类的生存和国家的发展都具有十分重要的意义。

如何积极发展新能源是人类必须共同面对的一项重大技术课题。新能源技术的不断进步,特别是动力系统的不断改进,为能源结构的转型提供了可能。然而,虽然新能源的类型很多,但世界上至今还没有出现实用的、经济有效的、大规模的直接储能方式。因此,人类不得不借助其他间接的储能方式。

电能，作为支撑人类现代文明的二次能源，它既能满足大量生产、集中管理、自动化控制和远距离输送的需求，又具有使用方便、洁净环保、经济高效的特点。用电能替代其他能源，可以提高能源的利用效率。

我们今天所有的可移动电子设备，其运行都离不开电池。电池的出现使人类的生活更加便捷，特别是在信息时代来临之后，电池的重要性更为突出。我国不仅是世界排名第一的电池生产大国，还是世界排名第一的电池消费大国。

虽然人类在电池的研究方面已经取得了丰硕的成果，但研究者一直在寻找更好的电能储存介质。随着科学的发展、新能源技术的成熟，在未来，哪一种类型的电池能够脱颖而出还未可知。希望此书能激发孩子们对电池的兴趣，未来能为我们揭晓谜底。

2024 年 3 月

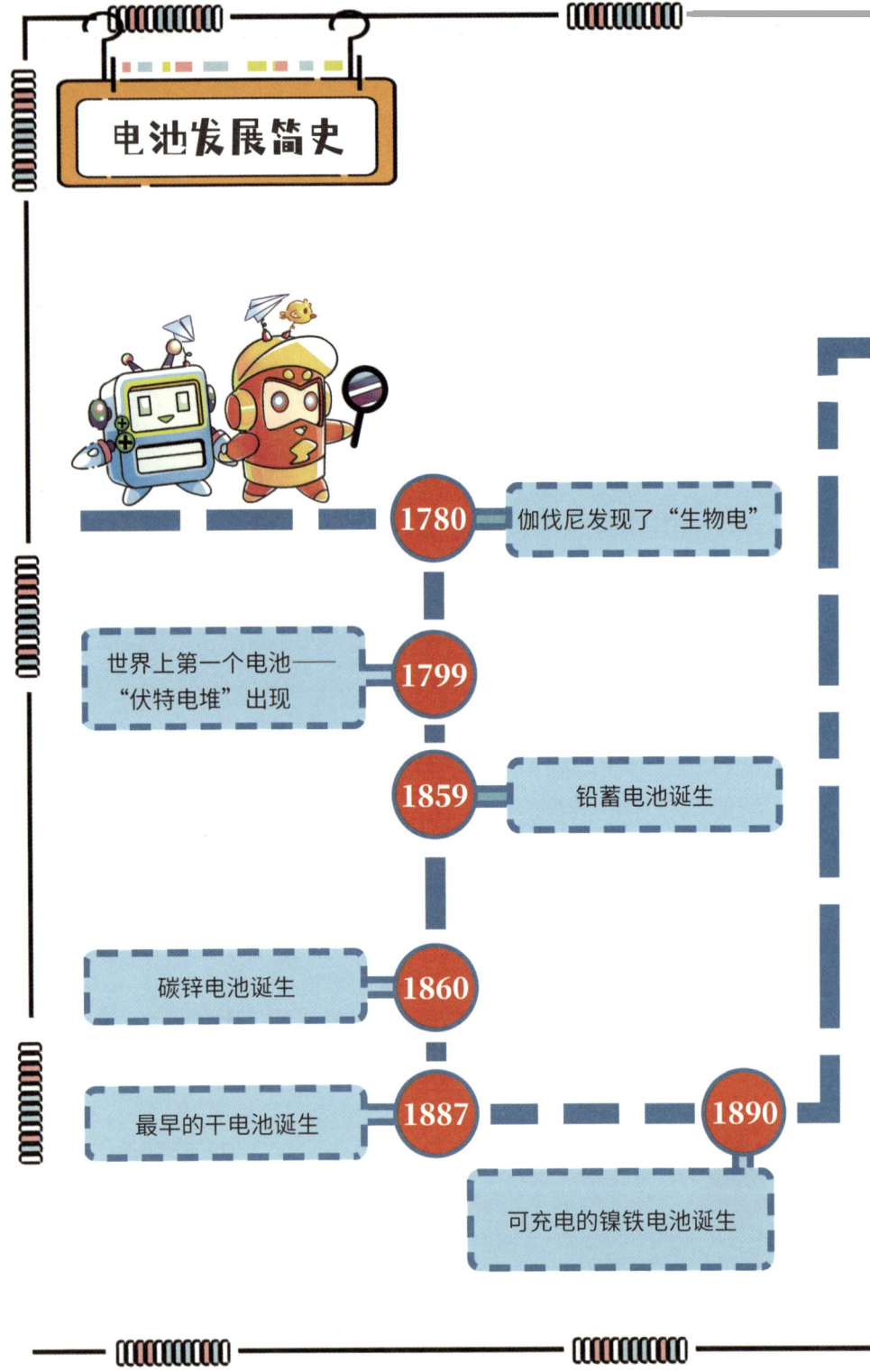

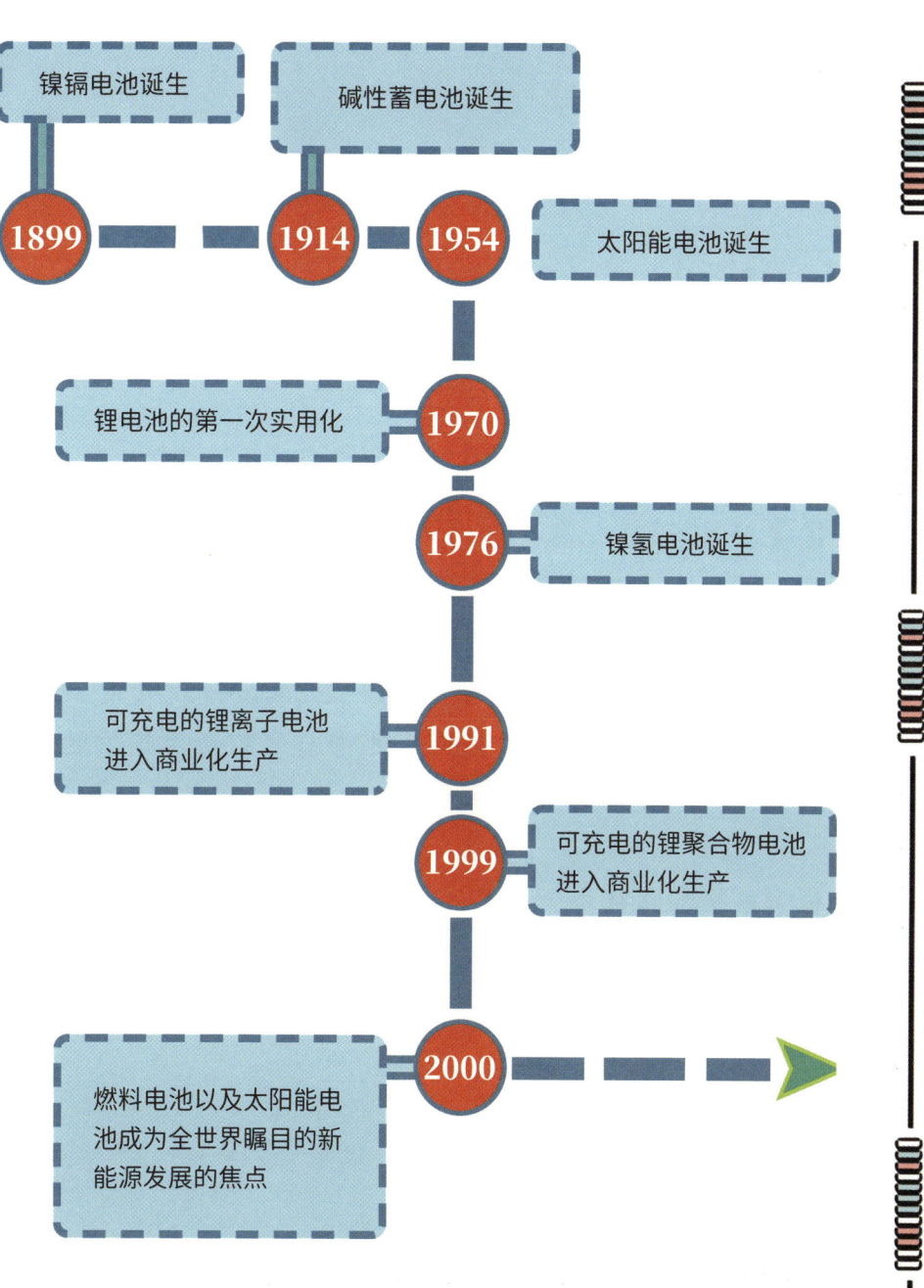

故事导读

电池王国是一个庞大的国度,生活着许许多多的电池家族,每个家族的"电池人"都有着特殊的本领。他们勤劳能干,驱动各种设备运转,促进人类世界不断发展。

在电池王国,每天都有故事发生。在锂锂就任国王的仪式上,上一任国王王一硫送给了他一件宝物——一条精致的项链,这条项链将锂锂带入了一个奇异的空间。在那里,锂锂认识了居住在项链中的电池精灵——闪闪。闪闪告诉锂锂,他需要通过历史回廊进行时光穿梭,完成帮助电池老前辈们解决烦恼的任务——集齐5颗宝石后才能成为真正的国王。

在历史回廊里,锂锂经历了哪些神奇的遭遇呢?他能顺利完成任务,集齐5颗宝石吗?

快一起来看看吧!

角色介绍

锂锂
家族：
锂离子电池

大铅
家族：
铅酸电池

镍霸
家族：
镍镉电池

机器人X

王一硫
家族：
钠-硫电池

闪闪
身份：
电池王国的守护精灵

壹铅
家族：
铅酸电池

贰铅
家族：
铅酸电池

布锌苦
家族：
锌锰干电池

镍子楚
家族：
镍镉电池

锌博士
家族：
锌-空气电池

目录

1 项链里的历史回廊 /001

2 大当家的烦恼 /009

3 改造铅酸电池 /017

4 宝石被盗了！ /029

5 遗失的心灵宝石 /037

电池大揭秘 /053

电的发现……………………………………054

电池王国起源之谜……………………………061

话说干电池……………………………………066

话说蓄电池……………………………………070

话说太阳能电池………………………………077

话说锂电池……………………………………087

话说燃料电池…………………………………104

话说碱锰电池…………………………………115

话说镍镉电池…………………………………117

未来电池之争…………………………………120

项链里的历史回廊

瞧！电池王国的广场上礼炮齐鸣、烟花绽放，可以说是热闹非凡。

电池王国国王就任仪式

在就任仪式上，前任国王王一硫将电池王国的传世国宝——电池项链，交给了锂锂。不过，这个项链看起来似乎并不完整，只有1颗蓝色宝石在闪闪发光，其余4颗宝石形状的位置还空缺着。

典礼结束了。晚上,锂锂为自己接好电源就休息了。突然,锂锂身上的电力竟然开始向脖子上的电池项链涌动,项链绽放出奇异的光彩,并逐渐放大,随后竟将锂锂吸入了另一个空间!

锂锂!快醒醒!

当锂锂再次睁开眼时，他正被身下的光环载着朝某个方向飞驰而去。他惊讶地看着周围的环境，全然不知发生了什么。

这是哪里？我的梦里吗？要往哪里去？

终于，光环在一个发着光的物体面前停下来了，锂锂上前细细打量，发现这个发光物体竟然是一个正在沉睡的美丽精灵！

经过沟通，锂锂了解到，原来这是居住在电池项链里的精灵，名叫闪闪。当电池王国有新国王继任时，闪闪便会与之建立连接，协助新国王治理国家。

闪闪记录了每一种电池的起源与发展，能够带新国王进入历史回廊，进行时光穿梭。这也是每一任新国王继任后必须要完成的任务——从过往历史中学习宝贵的经验。每帮助历史回廊中的一种电池完成更新迭代，闪闪便会获得一颗宝石，集齐5颗宝石，闪闪才能拥有完整的力量，解锁项链的全部神奇功能。

这5颗宝石分别是时间宝石、空间宝石、力量宝石、灵魂宝石以及心灵宝石。

每一颗宝石的功能都不同，每获得一颗，我们就能解锁一个新功能！目前，我们只拥有时间宝石。

接下来，我将用它为你打开历史回廊，跟我来！

大当家的烦恼

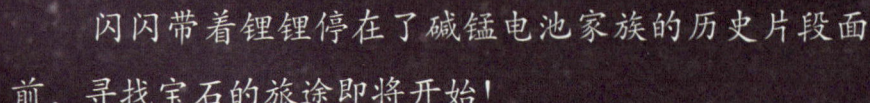

锌锰湿电池的诞生

闪闪发动魔法，和锂锂一起来到19世纪的发明家乔治·勒克兰谢的实验室，碱锰电池家族的祖先锌锰湿电池（也叫碳锌干电池）就是在这里诞生的。

碱锰电池家族之所以能在电池王国中有如此高的地位，很大一部分原因是他们历史悠久。

至今，他们已经经历了100多年的升级迭代。喏，这就是他们诞生之初的模样。

- 氧化锰
- 碳粉
- 碳棒集流器
- 锌棒
- 氯化铵水溶液
- 多孔陶瓷的圆筒体
- 玻璃瓶

法国工程师乔治·勒克兰谢将二氧化锰和碳粉用作正极粉料，压进多孔陶瓷的圆筒体中，并插上一根碳棒集流器作为正极，用一根锌棒部分插入溶液中作为负极。

电池的电解液是浓度为20%的氯化铵水溶液，电池的容器是玻璃瓶，就这样做成了第一个锌锰湿电池。

011

1887年,最早的干电池

参观完锌锰湿电池的诞生,闪闪又带锂锂见证了碱锰电池发展历史上的第二个重要节点——锌锰干电池的出现。

1887年,英国人赫勒森在最初的碳锌电池的基础上进行改进,做出了最早的原电池雏形,即锌锰干电池。

赫勒森将碳锌电池的电解液——氯化铵水溶液,改为由氯化铵、氯化锌、石膏和水组成的糊状物。

他又将锌片做成圆筒作为电池的容器,同时用石蜡封口,做出了原电池的雏形——锌锰干电池。

此后不久,人们在这个基础上又将面粉和淀粉作为电解质溶液的凝胶剂,使电池的便携性大大提高。

这为后期电池的工业化生产广泛使用打下了良好的基础。

1890年,锌锰干电池的工业化生产

锌锰干电池自从诞生以来,就在不断地升级迭代,其性能不断提高。从1890年开始,锌锰干电池就已经在全世界范围内工业化生产。

在工厂的流水线上,锂锂和闪闪见到了那个时候的锌锰干电池家族的大当家。大当家向锂锂寻求帮助,这应该就是此次的任务了!锂锂痛快地答应下来。

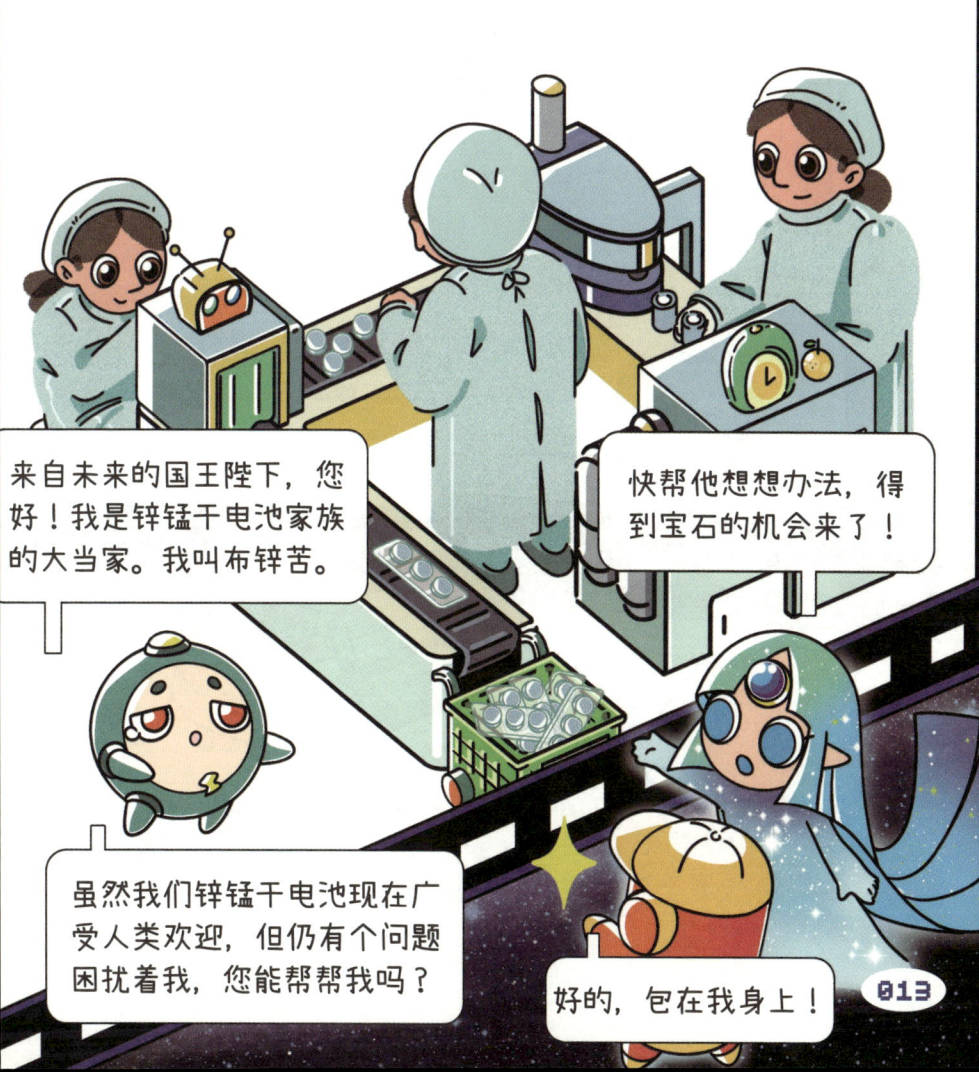

原来，虽然那时的锌锰干电池一家风头正盛，但他们的大当家已经意识到，锌锰干电池自身的性能不够有竞争力，因而对自家的未来感到担忧。

锂锂很快就想到了解决办法，那就是向他介绍锌锰干电池家族在21世纪的发展情况，希望能让他放下心来。

绝缘物质
二氧化锰 + 碳粉
石墨
二氯化锌 + 氯化铵
锌

锌锰干电池
（酸性锌锰电池）

随着电气时代的来临，电力成为人类生产与生活的主要能源，眼见各种电池"新秀"在不断崛起，当下的我们却有很大的缺陷。

我们在工作的过程中，电压会持续下降，不能提供稳定的电压，而且还有放电功率低、比能量小、低温性能差等问题。

如果不居安思危，我担心我们很快就被淘汰了……

别担心！你们将会经历很多次升级，即使到了21世纪，你们仍然是干电池中产量最大的电池！

特别是1912年以后，你担心的问题都会被人类解决。而且，你们家族会诞生一个非常杰出的后辈——碱性锌锰电池。

碱性锌锰电池是由你们锌锰干电池升级而来，可以说是最成功的高容量干电池之一。

看！他们的结构与你们相反，负极在内、正极在外，人们称之为反极结构，这样更适合大电流连续放电。

钢壳　　正极帽
负极物料　隔离膜
正极物料　导电膜
　　　　　集电铜针
密封环　　密封盖
密封剂　　负极盘

碱性锌锰电池

并且，电池中原材料的纯度和用量都提升了，更是将你们现在的电解液由盐换成了强碱。

短短几十年，竟发生了如此大的变化！人类的智慧真了不起！

这样一来，他们不仅电容量大，还具备优良的低温性能、储存性能和防漏性能。

另外，随着人们环境保护意识的增强，碱性锌锰电池更是实现了低汞化和无汞化！在未来……

哈哈哈！如此精妙的设计，真是"长江后浪推前浪"啊！

015

改造铅酸电池

大铅收到锂锂被不知名光环"绑架"的消息后，四处搜寻却不见锂锂的踪影。正在房间里焦急地来回踱步时，锂锂又被光环完好地送回来了。

锂锂刚一落地，大铅就飞扑到锂锂面前仔细询问起来，锂锂便向他讲述了这一夜的经历。

大铅惊讶地听完锂锂的讲述，激动不已，他迫不及待地也想去这个神奇的空间一探究竟！

锂锂和大铅紧张地向项链输送电力，没有出现想象中的异空间，闪闪倒出现了。

一见到闪闪，大铅便开始了连环发问，闪闪耐心地一个个解答着。

你……你就是住在项链里的精灵？

没错！我就是大名鼎鼎的电池精灵——闪闪！

你们的下一次任务是什么呢？

下一次任务是——拯救颓废的退役铅酸电池。

你在项链里面都做些什么呢？

项链里可无聊了，大多数时间我都在睡觉！

哇！你还能到外面的世界来？

那当然！有了时间宝石和空间宝石，我可以去到任何时间任何地点！

听到下一次任务与自己的家族有关，大铅瞪大了双眼，嚷嚷着一定要一起去。闪闪随即开始发动魔法，新的旅程即将开始。

谁都没有注意到的是，角落里的镍霸正偷偷地观察着这一切。

转眼间,三人来到了 1859 年的法国。在一间实验室里,他们见到了刚刚诞生的铅酸电池以及铅酸电池的发明者——普兰特。

呜呜呜,老祖宗,见到您真是太激动了!没有您,就没有我们家族的今天!

你们好,来自未来的朋友们!

自从普兰特在 1859 年发明了以稀硫酸为电解质的第一块铅酸电池,铅酸电池的发展就正式揭开了序幕。

没等大铅与他的老祖宗叙旧,闪闪又将时空切换到了 21 世纪的人类世界。

在热闹的大街上,他们看到人类驾驶着由铅酸电池驱动的电动车来来往往。

当普兰特在 100 多年前发明铅酸电池时,他可能无法想象,他的此项发明有一天能占据世界上二次电池市场的最大份额。

铅酸电池由于其材料廉价、工艺简单、技术成熟、自放电低、免维护等特性,被广泛应用于不间断电源、电网和汽车等领域。

大铅正骄傲着，画面又一转，他们来到了一个与刚才的热闹情景截然相反的地方。

锂锂和大铅被眼前的景象震惊了。在这里，废弃的铅酸电池堆积成山，退役了的铅酸电池横七竖八、死气沉沉地躺在街头、坐在地上，活脱脱一副"难民营"的景象。

在如此庞大的使用规模之下，每年退役的铅酸电池约有数百万吨，并且还在逐年增长。

铅酸电池的主要原料是铅，铅作为人类世界公认的有毒重金属，对人的身体以及土壤环境都具有极大的破坏力，如果不妥善处理将会造成非常严重的环境污染。

大铅飞快地跑到距离他最近的族人面前，已经退役的铅酸电池——贰铅，开始诉说他们的处境。

集中处理站里的我们之所以如此颓废，并不是因为惧怕寿命耗尽。

当我们退役之后，或是寿命将近的时候，就会被人类收集起来，统一放在一处。

在我们的有生之年，我们都尽可能地发过光、发过热，为人类作出过贡献，我们为此感到非常骄傲。

原来，让废旧铅酸电池低沉的原因有两点：一是为彻底报废之后的遭遇而感到恐惧，二是为家族的未来而感到担忧。

锂锂决定，带着贰铅一起去未来体验一下新技术，让他知道，人类并没有放弃他们，而是找到了变废为宝的办法。

闪闪将三人一起送到了铅酸电池无损修复技术已经成熟的年代。借助电子脉冲扫频震荡技术,贰铅重获新生。

经过修复之后，贰铅无论是身体还是心理都重新回到了健康的状态，锂锂成功完成了第二个任务，力量宝石顺利归位。

宝石被盗了！

自从锂锂继任以来,电池王国一片欣欣向荣。锂锂的声望日益高涨,深受电池国民们的爱戴。

这天，锂锂与大铅正准备召唤闪闪，进行下一次任务时，项链突然发出一阵异样的红光，紧接着，闪闪一脸慌张地出现了。

锂锂和大铅赶紧跟随闪闪进入了空间，来到了历史回廊，对每一个回忆片段进行排查。在任务记录里，锂锂看到了一个熟悉的身影——镍霸。

三人赶紧依据记录中镍霸曾出现的场景,回到了之前那个废弃铅酸电池集中处理站。锂锂本以为,完成上一次任务之后,这里的电池们应该能够振作起来,没想到的是,他们看起来更加萎靡了。他们神情冷漠、目光呆滞,口中似乎还在念念有词地说些什么。

锂锂找到了贰铅,发现他时,他正躲在一个垃圾桶里面瑟瑟发抖。

通过贰铅，三人了解到，镍霸竟是用心灵宝石控制了众多电池人，才导致这些电池人性情大变，在这背后，似乎还隐藏着什么更大的阴谋。

自从你们离开后，有一个与你们来自同一时期的镍镉电池家族的电池人，发动心灵宝石，蛊惑了我的族人们，让他们变得易怒、好斗，并且仇视人类，甚至还憎恨自己的家族与国家。

这个坏蛋还用同样的方式控制了一大帮电池，照这样下去，我们整个世界都要乱套了！

什么？！镍霸拥有心灵宝石？！

我猜测，应该是上一次我带你们时光穿梭时，镍霸也在场，于是就被一同带入了这个时期。

拥有心灵宝石，就能拥有掌控人心的力量。心灵宝石一旦落入心怀不轨的人手上，后果将不堪设想！他应该还在这儿，我们快去找找看！

殊不知，三人刚一回到这个时空，就被镍霸盯上了。"仇人"见面，分外眼红！镍霸迫不及待地出现在几人面前，命令手下的电池人将他们团团包围起来。

遗失的心灵宝石

眼见无路可走，锂锂当机立断，令闪闪打开时空之门，带领众人来到了1899年镍镉电池诞生的实验室。

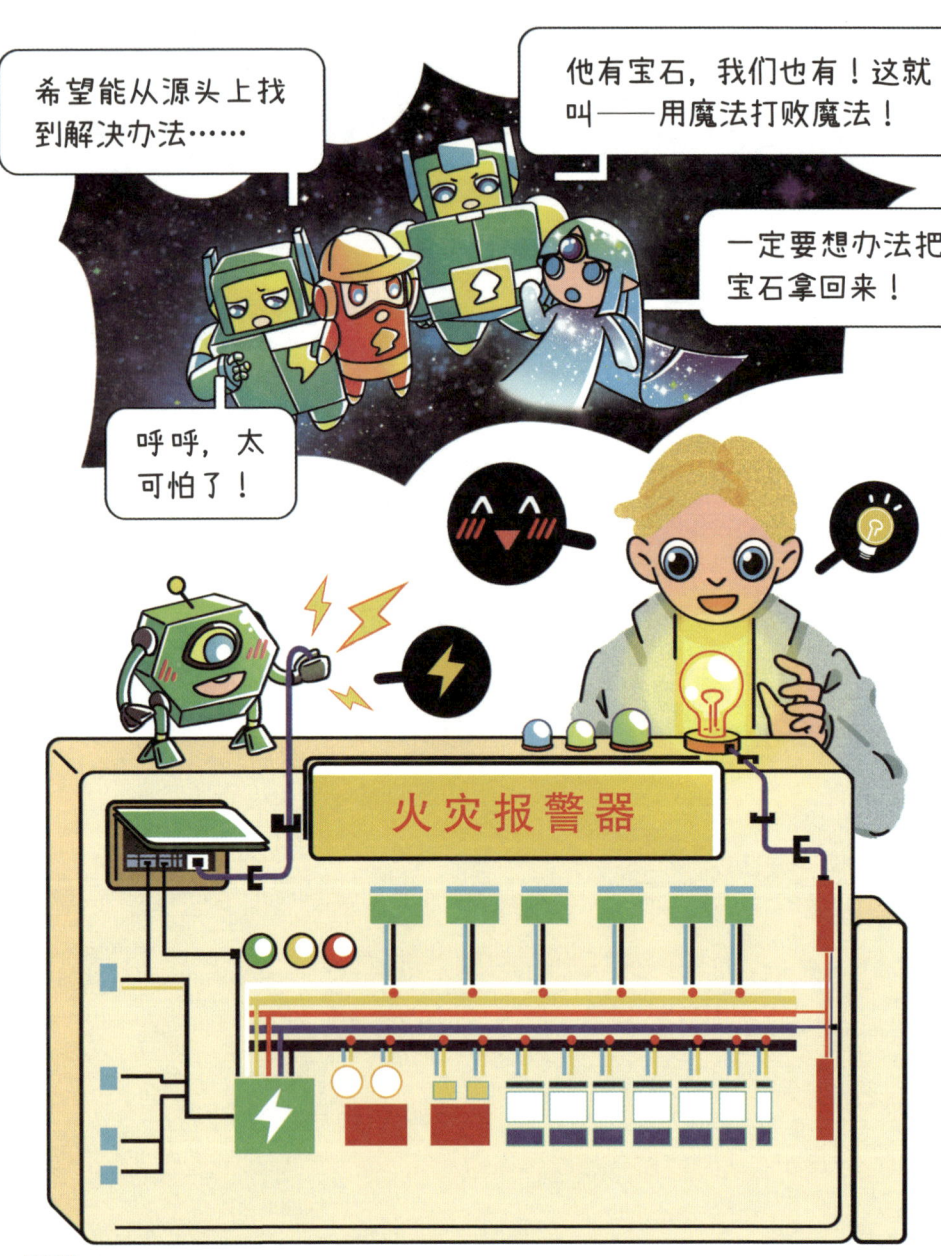

作为一种为人类火灾警报系统提供稳定电源而被研发的电池,初代镍镉电池——镍子楚,能够通过自己的能力来保护人类的安全,他为此感到非常满足。

听完众电池的经历之后,镍子楚为他的后辈伤害同胞的行为感到愤慨不已,当即表示要加入阻止镍霸的队伍。

在闪闪的帮助下，一行人来到了20世纪50年代。

在一处军事基地内，镍镉电池士兵们正热火朝天地训练着，坦克里、飞机上，随处可见他们的身影。

难以置信，我们镍镉电池家族居然能取得这样的成就！真为他们感到骄傲！

或许……我们能从这里获取一些武器与装备？

在你被研制出来之后，经历了几次重要的改进。

1932年，人类科学家在你的体内加入了一种活性物质，进一步增强了这一代镍镉电池的导电性。

全是镍镉电池，好可怕……

嘘！

为了增强团队战斗力，趁着军队休息的间隙，锂锂带着大家来到一间装满武器的仓库前，打算挑选几样趁手的武器。

不料，被几名留守的士兵发现了，看到与周围环境格格不入的几人，士兵们举起手中的枪就准备攻击。

在镍子楚解释了事情原委后，这几名士兵决定对此次行动全力相助。就这样，锂锂一行人不仅获得了武器，还收获了几名实力强悍的帮手。

没想到的是,锂锂、闪闪、大铅刚从时空隧道中出来,就掉入了镍霸提前准备的陷阱之中。

没等镍霸得意多久,只见时空隧道里竟飞出了两架直升机,将困在陷阱里的几人救了出去。原来,是镍镉电池家族的前辈们来支援了!

镍霸眼见不敌，竟开始发动手中的心灵宝石，企图用魔法控制住所有人。闪闪看出了他的意图，立即用空间宝石构建了一个空间保护罩，将众人与外界隔绝起来。

发动宝石需要使用者消耗自身的电力，闪闪在力量宝石的加持下，拥有源源不断的电力来维持空间保护罩。

而手持心灵宝石的镍霸就无法长时间地消耗电力了。锂锂不忍心见到镍霸的电力被消耗殆尽，于是开始了劝降。

就在锂锂苦口婆心地劝导时，镍霸突然停止了攻击，扑通一声跪倒在众人面前，开始忏悔。这180度的态度大转变令众人目瞪口呆。

接着，镍霸向众人诚恳地道了歉，并交出了手中的心灵宝石。见此情景，众人便没有再计较，闪闪也拿出了电池项链，准备引导心灵宝石归位。

突然，镍霸一跃而起，将心灵宝石和电池项链一并夺走了！此时大家才明白，镍霸竟然是在假意悔过！

紧接着，镍霸一边发动心灵宝石，命令被控制的电池人拦住众人，一边发动空间宝石，打开了时空隧道。

就在这千钧一发之际，镍子楚飞身扑向即将逃走的镍霸，用尽全身力气将他困在了原地。

锂锂迅速反应过来，向镍霸发起了远程电力攻击，将其手中的电池项链精准地击落在地。

不巧的是，锂锂这一击，刚好击中了空间宝石，空间宝石也因此碎成两半。这使得原本打开的时空隧道变得极不稳定，开始快速缩小入口范围。

见此情形，镍霸顾不得别的，纵身跳入了即将关闭的时空隧道之中。在最后关头，还顺手捡走了其中一半空间宝石碎片。

被心灵宝石所控制的电池人在脱离控制后，会有很长一段时间的后遗症。这不，镍霸一离开，原本被心灵宝石所操控的电池人就仿佛被抽走了灵魂一般，像木偶一样呆呆地立在原地，众人只得留在原地休养。

然而就在这时，锂锂收到了机器人X发来的一条紧急通知……

电池大揭秘

电的发现

电,可以说是人类历史上最伟大的发现之一。有了电,人类就可以更有效地使用机械。

电的发现,使人类的科学文明有了一个质的飞跃。那么,人类究竟是怎么发现"电"的呢?

古代中国人对"电"的认知

事实上,中国人的祖先很早就发现了"电",最早在距今有 3000 多年历史的甲骨文中,就有对"电"的记载,它的形状和闪电相似。

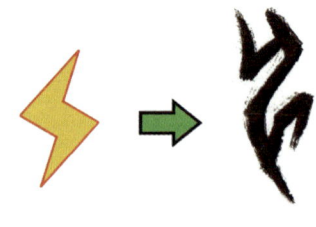

甲骨文的"电"字

由东汉经学家、文字学家许慎编撰的《说文解字》记载:"电,阴阳激燿也",大意就是说:阴阳相激而产生的耀眼光芒,称之为"电"。

不过,那时候的古人说的"电"和我们如今所说的电,不是同一个电。我们说的电一般指的是电流,而古人说的"电"是闪电。

除了对闪电这一自然现象的观察记录以外,人类对电的认识其实是从静电开始的。古人常常将电与磁的现象归纳在一起,认为它们都是一种相互吸引的现象。

静电,就是一种处于静止状态的电荷或者说不流动的电荷(流动的电荷就形成了电流)。静电是通过摩擦或电荷的相互吸引使电荷重新分布而形成的。

西汉末年的《春秋纬·考异邮》中就有"瑇（玳）瑁吸芥"现象的记载。玳瑁是一种隶属于海龟科的爬行动物，在中国古代，其甲壳为制作饰品的珍贵材质；"芥"是指小的、轻微的物体。玳瑁甲壳制品平滑而有光泽，能够吸引微小物体，古人们发现了该现象，便将其记载下来。

王充的《论衡·乱龙篇》中，对此现象有进一步的记载："顿牟（即玳瑁）掇芥，磁石引针，皆以其真是，不假他类。他类肖似，不能掇取者，何也？气性异殊，不能相感动也。"

这段话的意思是说，经过摩擦的玳瑁能吸引芥籽，磁石能吸引钢针，这是因为它们之间的"气性"相同，能相互感应而动；其他看起来与芥籽、钢针相似的东西，但因与玳瑁、磁石的"气性"不同，所以不能相互感应而动。

东晋的《山海经图赞》中，也有类似的记载，即"磁石吸铁，玳瑁取芥，气有潜通，数亦宜会。"也把静电和静磁并列。

在西晋时，张华撰写的《博物志》中也有关于静电的记载："今人梳头、脱著衣时，有随梳，解结有光者，亦有咤声。"意思是说在人们梳头、穿脱衣服时，常发生摩擦起电，有时还能看到小火花和听到微弱的响声。

古希腊人对电的认知

在距今约 2600 年前的古希腊鼎盛时期,贵族妇女外出时都喜欢穿柔软的丝绸衣服,戴琥珀做的首饰。人们外出时,总把琥珀首饰擦拭得干干净净。但是,不管擦得多干净,它很快就会吸上层灰尘。

虽然许多人都注意到了这个神奇的现象,但一时都无法解释它。古希腊哲学家泰勒斯,在经过仔细观察后,发现挂在脖子上的琥珀首饰在人走动时会不断晃动,频繁地摩擦身上的丝绸衣服,从而得到了启发——用毛皮摩擦琥珀后,琥珀就能吸引绒毛、麦壳屑、毛发等轻微的东西。

因而,古希腊人认为在琥珀中存在一种特殊的神力,并把这种神力叫做"电"。

"照亮了世界"的实验

人类对电现象认识得很早,不过那时候大多是雷雨天气的闪电以及摩擦生电的衍生现象。

千百年来,关于电的问题一直困扰着古人,他们将电分为"天电"和"地电",我国古人还曾创作了"雷公电母"的神话,认为打雷、闪电都是天上的神在发怒的表现。

后来,越来越多的人开始研究电,直到1752年6月,出现了一个非常著名的实验——富兰克林风筝实验。

这位胆子巨大的美国科学家——本杰明·富兰克林，他用风筝去牵引空中的雷电，将电"捕捉"了下来，以此来证明那时候人们口中的"天电"与"地电"是一样的。

风筝实验的成功使富兰克林在全球科学界名声大振，那个时期，人们纷纷开始对富兰克林这个实验进行验证。

于是，在众多科学家的共同努力下，人类更进一步地知晓了电的性质，并延伸出了"电流"的概念。

电池王国起源之谜

在发现电之后,人类面临的问题就是如何利用电。

世界上第一个电池

电池的诞生,是基于人们对于获取持续而稳定的电流的需要;电池的发明,是来源于一次青蛙的解剖实验所产生的灵感。

1780 的一天,意大利解剖学家伽伐尼在做青蛙解剖时,两手分别拿着不同的金属器械,无意中金属器械同时碰到青蛙的大腿上,青蛙腿部的肌肉立刻抽搐了一下,仿佛受到电流的刺激,而如果只用一种金属器械去触动青蛙,就无此种反应。

伽伐尼认为，出现这种现象是因为动物躯体内部产生的一种电，他称之为"生物电"。

伽伐尼的发现引起了物理学家们的极大兴趣，他们重复着伽伐尼的实验，试图找到一种产生电流的方法。

意大利物理学家伏特也受到了启发，他在多次重复伽伐尼的实验之后认为：青蛙的肌肉之所以能产生电流，是因为肌肉中某种液体在起作用。

为了验证自己的观点，伏特把一块锌板和一块锡板浸在盐水里，发现连接两块金属的导线中有电流通过。

于是，他就把30片圆锌片和30片圆铜片相互叠成一堆，在每片之间又夹入一片浸有浓盐水的吸水纸，然后，他从铜片和锌片上各引出一根导线，将两根导线相接，竟有放电的火花。

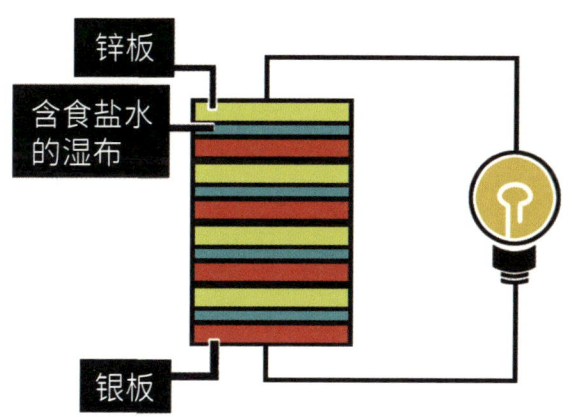

电池小知识

伏特是国际单位制中表示电压的基本单位，简称伏，符号V。该单位是为了纪念意大利物理学家亚历山德罗·伏特而命名的。

最终，伏特得出了结论：两种金属片中，只要有一种与溶液发生了化学反应，金属片之间就能够产生电流。

基于这个理论，在1799年，伏特成功制成了世界上第一个电池——伏打电堆。这个伏打电堆实际上就是串联的电池组，它的出现证明了电是可以被人为制造出来的，使许多新的实验和发现成为可能。

化学电源就此出现，这为现代电池技术打下了基础，开创了电化学发展的新时代。

世界上第一台电动机

有了伏打电堆,人们开始研究电流产生的各种效应,并对"电有什么作用"的问题展开了广泛研究。

1821年,英国科学家迈克尔·法拉第发明了世界上第一台电动机。这项轰动世界的重大发明,初步证实了使用电流可以让物体运动起来。

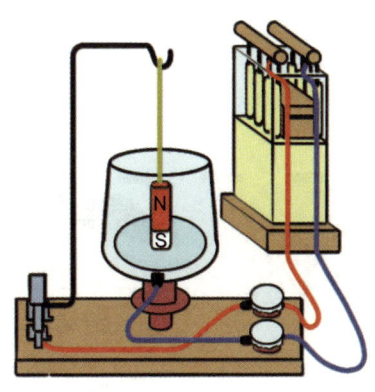

此后,各种各样的电器开始逐渐浮现于世,人类由此进入"电气时代",电池也开启了不断进化的历程,衍生出了各个大家族,构成了如今强大的电池王国。

话说干电池

整个电池王国的发展史也可以说是一个"尝试用各种金属造电池"的历史。

实际上,只要有两种金属浸泡在某种溶液中,就有可能产生电池效应。

例如接受过金属补牙手术的人们都会发现,用舌头去舔补牙的金属,会有"麻麻"的感觉,就是因为补牙用的多种金属在口腔中产生了电池效应。

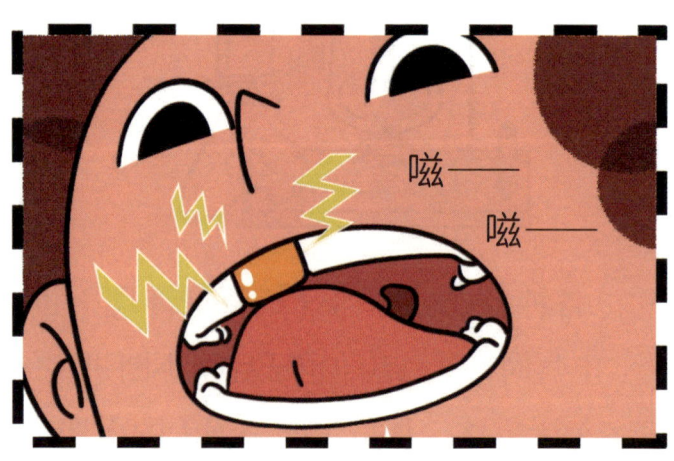

自伏打电堆问世以来,科学家们又在这个基础上进行实验,陆续研发出了更多效果更好的电池。

然而在当时,无论哪种电池,都需要在两个金属板之间罐装液体。这样的电池搬运起来很不方便,特别是蓄电池,所用的液体是硫酸,在挪动时很危险。

看,那时候科学家们对电池的研究仍在探索阶段,电池的可移动性非常差。

小贴士

蓄电池是贮存化学能量、在必要的时候放出电能的一种电气化学设备,也被称作二次电池或铅酸蓄电瓶。

终于，在 1860 年，"干"性电池出现了。法国的勒克兰谢（George Leclanche）做出了原电池的雏形，发明了碳锌干电池，这种电池是用糊状物电解质取代了此前潮湿、水性的电解液。相对于液体电池而言，干电池的电解液为糊状，不会溢漏，便于携带，因此获得了广泛应用。它可以说是如今广受人们欢迎的碱锰电池的"祖先"了。

真正意义上的干电池出现于 1886 年前后，英国人赫勒森 (Wilhelm Hellesen) 在碳锌干电池的基础上进行改进，并最终发明了我们今天用的干电池。

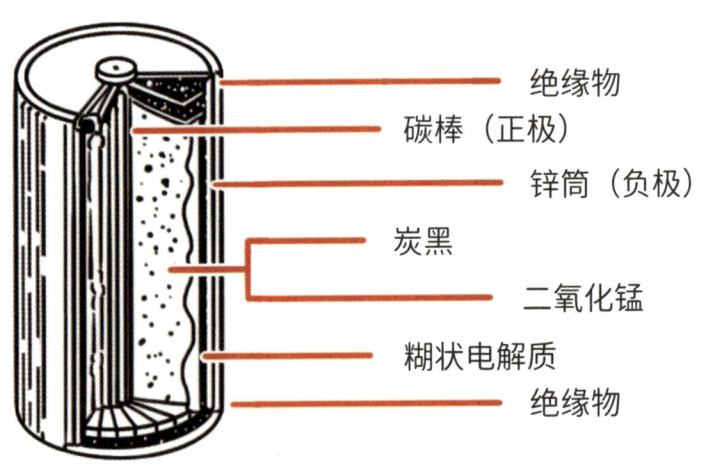

干电池的基本结构

随着科学技术的进步，干电池已经发展成为一个庞大的家族，现如今已经有100多种。常见的有普通锌-锰干电池、碱性锌-锰干电池、镁-锰干电池、锌-空气电池、锌-氧化汞电池、锌-氧化银电池、锂-锰电池等。

不过，最早发明的碳锌电池依然是现代干电池中产量非常大的电池。

话说蓄电池

19世纪末,许多电器都已经诞生,如电灯、电话、电报、电唱机等。这些电器的问世,为人们的生活带来了便利和乐趣。

电灯泡

电报机

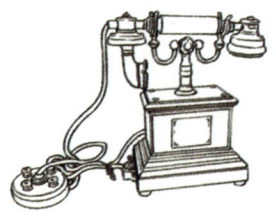
专线电话机

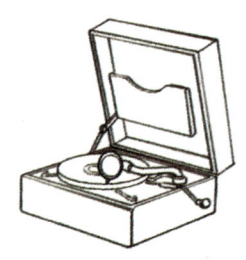
电唱机/留声机

电器都是靠电力驱动工作的，没有了电，这些东西就毫无价值。

在当时，电的来源有两个途径：一是由发电机发电，二是由蓄电池供电。

蓄电池有一个独特之处——当电池使用一段时间、电压下降后，可以给它通以反向电流，使电池电压回升。因为这种电池能够充电，并且被反复使用，所以被称为"蓄电池"。

蓄电池比发电机更加小巧，便于携带。有了它，再偏僻的地方，都可以用上电。

世界上第一个铅酸蓄电池

1859 年，法国人普兰特（Gaston Plante）发明出用铅和硫酸做的电池。这种电池就是铅酸电池的前身，它便于携带，使用方便，也是最早的二次电池。

不过，虽然它解决了电池只能一次性使用的问题，但新的麻烦也随之而来——它的使用寿命太短，甚至只有一个多小时，人们称它为"短命蓄电池"。这导致蓄电池虽然在技术上实现了巨大突破，但实用性仍然不高。

普兰特发明的电池,是用铅作为电极材料、浓硫酸作为电解质溶液制成的。它的工作原理是让铅和硫酸接触,发生电化学反应。在反应过程中,极化作用和电子转移就产生了电流。

但由于浓硫酸的腐蚀性极强,不久铅就被严重腐蚀,也就不能产生电流了。

爱迪生与蓄电池

爱迪生,这位在当时已经发明了不少电器的科学家,意识到了解决蓄电池"短命"问题的重要性——如果不延长蓄电池的供电时间,将会影响蓄电池的推广使用。

功夫不负有心人，爱迪生在1890年终于制成了可充电的镍铁蓄电池，经过长达20年、历经数万次的改进之后，终于在1910年实现了可充电镍铁蓄电池的商业化生产。为了纪念爱迪生付出的辛勤劳动，人们把镍铁蓄电池称为"爱迪生蓄电池"。

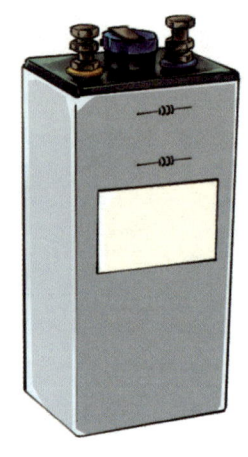

镍铁蓄电池

镍铁蓄电池和当时的铅蓄电池相比，具有更高的能量密度，并且充电时间缩减一半左右，一经发明就被认为是极有竞争力的化学电源之一，在重工业领域曾经风靡一时。

20世纪90年代后期，随着电池王国的蓬勃发展，各个电池家族的竞争也是愈演愈烈，由于镍铁电池自身某些性能还不理想，它几乎被人们遗忘。近年来，由于它廉价、环保、安全的特性，镍铁电池在许多领域的应用仍有相当大的发展空间，继续探索开发以改良它的性能，成为科研人员们目前紧要的工作之一。

爱迪生与电动汽车

人们都说21世纪最伟大的发明,就是新能源汽车。但事实上,随着蓄电池技术的发展,电动汽车也随之出现,它的发展史甚至比燃油汽车的历史还要早半个世纪。

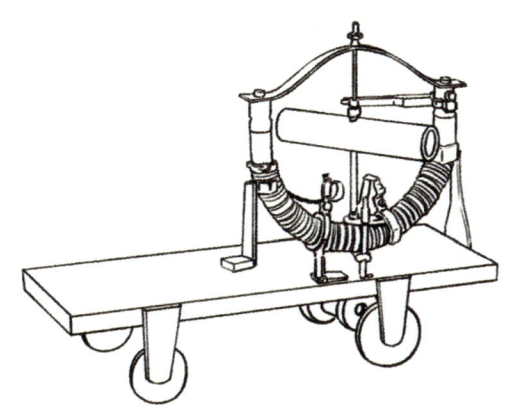

世界第一辆电动汽车

早在100多年前,发明大王爱迪生就用自己发明的镍铁蓄电池制造出了电动汽车,时速20英里,约32千米/时。1910年,人们驾驶着爱迪生发明的电动汽车,从美国的纽约行驶到了新罕布什尔,据说整个行驶距离达到170英里,约273千米。

蓄电池的发展现状

如今,充电电池的种类越来越丰富,形式也越来越多样,从最早的铅蓄电池、铅晶蓄电池,到铁镍蓄电池以及银锌蓄电池,如今发展到铅酸蓄电池、太阳能电池以及锂电池等。

与此同时,蓄电池的应用领域越来越广,电容越来越大,性能越来越稳定,充电也越来越便捷。

话说太阳能电池

太阳的光辉普照大地,它是光明的使者。地球上几乎所有生物利用的能量都直接或者间接来自太阳。

太阳能电池的起源

人类享受着太阳带来的热能,但是在早期,人们还没发现太阳光能转化为电。人类真正将太阳的热辐射作为一种能源加以利用,要从 1615 年开始算起。在那一年,法国工程师所罗门·德·考克斯发明了世界上第一台由太阳能驱动的发动机。

随后，世界上又陆续出现了更多的太阳能动力装置和其他太阳能装置，例如发动机、水泵等。

在这一阶段，人们对太阳能的研究重点是将太阳能直接转化为机械能，虽然比较实用，但当时的技术不够成熟，能量转化成本依然很高。

太阳能电池的发展

直到1931年，第二次世界大战（以下简称"二战"）爆发，战争中人们对能源的需求更加迫切，当时的太阳能技术还不能解决能源急需的问题。相较于将太阳能转化为动力来源，使用煤炭、石油和天然气等矿物燃料的性价比更高。

因此，那个时候的太阳能研究工作逐渐受到冷落，进入了低潮期，参加研究工作的人数和研究项目都大量减少。

在二战结束后的 20 年中,一些有远见的人士已经注意到石油和天然气等自然资源在迅速减少,科学家们开始呼吁人们重视这一问题,从而逐渐推动了太阳能研究工作的恢复和开展,太阳能研究热潮再次兴起。

在此期间,匈牙利发明家玛丽亚·泰尔凯什(Maria Telkes)参与了多个太阳能项目,对太阳能的研究与发展做出了卓越贡献,因而被冠以"太阳女王"的称号。

太阳能？电能？

太阳光能够转化为电能的标志性事件是"光伏效应"的发现。

1839年，法国科学家贝克雷尔（Becqurel）发现光照射到硅材料上会引起"光起电力"行为。这种现象后来被称为"光生伏打效应"，简称"光伏效应"。

光伏效应指光照使不均匀半导体或半导体与金属结合的不同部位之间产生电位差的现象。

光伏效应首先是由光子（光波）转化为电子、光能量转化为电能量的过程；其次是形成电压的过程。

有了电压，就像筑高了大坝，如果电能量和电压之间连通，就会形成电流的回路。

基于这个理论，随着科学家们对半导体物理性质的逐渐了解，以及加工技术的进步，美国的贝尔实验室在1954年研制出了第一个有实用价值的硅太阳能电池。

太阳能电池

一直到今天，太阳能电池的基本结构和工作原理都没有发生改变。

为什么要发展太阳能电池?

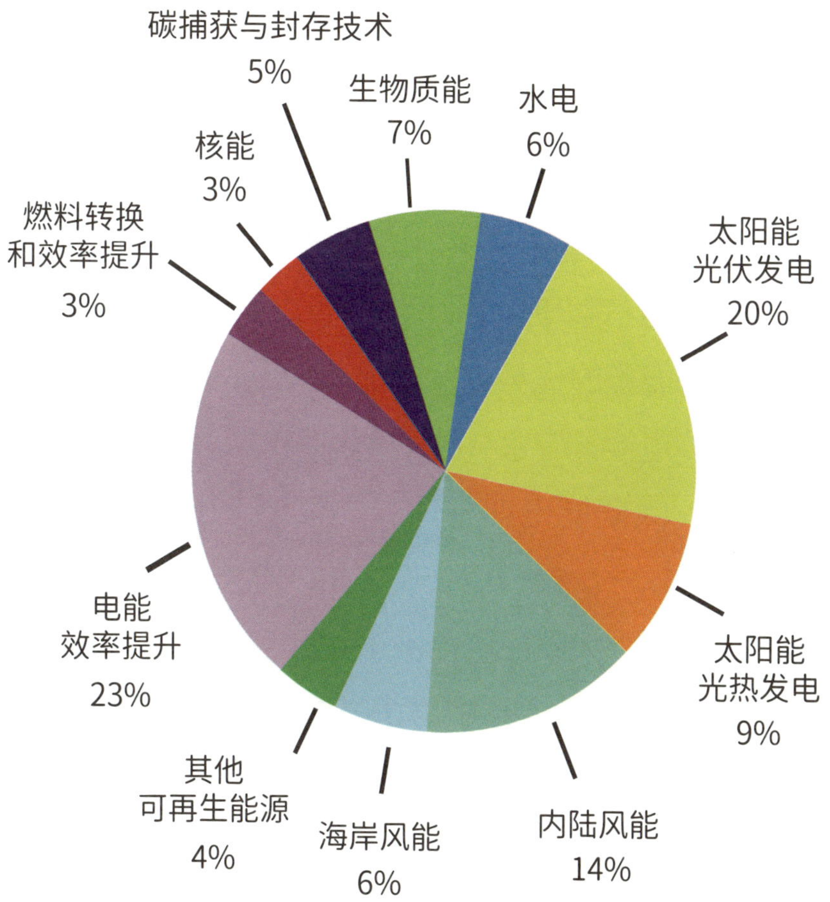

- 碳捕获与封存技术 5%
- 生物质能 7%
- 水电 6%
- 核能 3%
- 太阳能光伏发电 20%
- 燃料转换和效率提升 3%
- 太阳能光热发电 9%
- 电能效率提升 23%
- 内陆风能 14%
- 其他可再生能源 4%
- 海岸风能 6%

2014—2050年不同能源技术对碳排放减排贡献的预测情况对比
（引自《新能源材料科学与应用技术》,《新能源材料科学与应用技术》编委会,科学出版社）

长期以来，大量化石能源的消耗推动着人类工业时代的进步。但是，传统能源（化石能源，如石油、煤炭等）在促进社会发展的同时，也导致空气污染日益加剧，全球温室气体排放量持续攀升。

人们为改变这个现状，做出了很多努力，目前的工业技术越来越注重对节能减排的贡献。

太阳能电池是太阳能光伏发电最核心的器件，伴随着光伏市场的逐步扩大、光伏技术的不断提高、光伏发电成本的日益下降和社会对清洁能源的迫切需要，它作为新型能源的优势越发明显。

太阳能电池具有永久性、清洁性和灵活性三大优点。

首先，太阳能电池寿命长。只要太阳存在，太阳能电池就可以一次投资而长期使用；其次，与火力发电、核能发电相比，太阳能电池不会引起环境污染；最后，太阳能电池还可以大、中、小并举，大到百万千瓦的中型电站，小到只供一户用的太阳能电池组，都可以灵活布置，这是其他电源无法比拟的。

我国太阳能电池的发展现状

现在,我国的光伏产业已经达到世界领先水平,为经济社会发展和生态环境保护共赢局面的促成保驾护航。

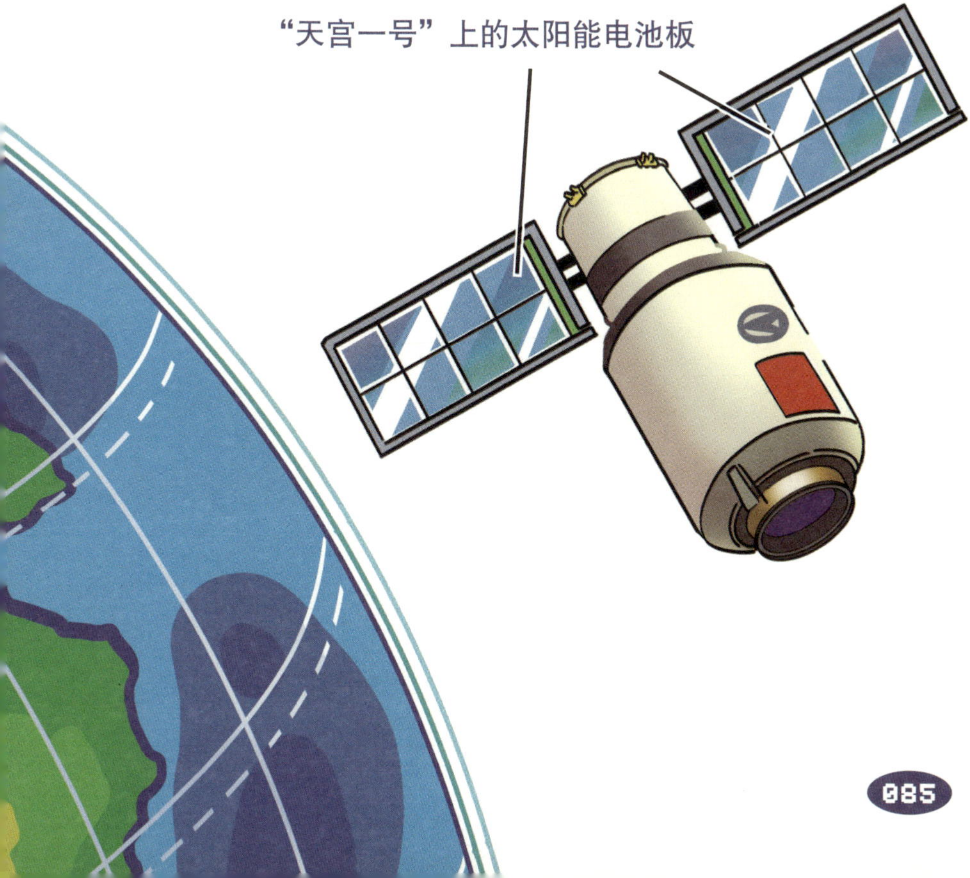

"天宫一号"上的太阳能电池板

中国作为新的世界经济发动机,光伏产业呈现出前所未有的活力。

我国的太阳能电池经历了从无到有、从空间站到地面、由军到民、由小到大、由单品种到多品种以及光电转换效率由低到高的艰难而辉煌的历程,大量的光伏企业应运而生。

话说锂电池

我们日常说的锂电池通常指的是锂离子电池，它和我们的生活联系非常密切，手机、电脑、电动汽车都离不开它。

现在的锂电池给我们的印象是体积不大、充电快、能量足，然而在早期，它并不是现在这个样子。

"锂"想热潮

锂离子电池是由锂金属电池发展而来,它从诞生到广泛应用,经过了许多科研工作者的不懈努力。回顾整个过程,可以说是非常曲折。

早在1817年,"锂"这种金属元素就被发现了,并且人们很快意识到锂金属的理化性质非常适合做电池材料。

锂是目前已知的世界上最轻的金属，也是密度最小的金属，它能浮于水面。锂是电位最负的金属，是目前已知元素中金属活动性最强的，也是电化当量最大的金属。

因此，锂是极好的电池材料，由锂制成的电池的比能量最高。

不过，金属锂太活泼了，太容易和其他物质发生反应。它不论是在水里，还是在煤油里，都会浮上来与水或空气中的氧气发生化学反应。

当锂遇到水　　　　　　　　　　当锂遇到煤油

对于这样一个顽皮的家伙,如何安全储存它是个大问题。科学家们经过研究,最后只好把它强行按进凡士林油或液体石蜡中,以隔绝空气储存。

当锂遇到凡士林油或液体石蜡

锂的保存、使用或是加工都比其他金属要复杂得多,导致了这种金属在被发现后相当长的时间里都没有得到应用。在那个时期,锂的命运似乎被永远地封印在了实验室。

不过,总有科学家不甘心。1913年,美国的两位化学物理科学家——吉尔伯特·牛顿·路易斯(Gilbert Newton Lewis)和弗雷德里克·乔治·凯斯(Frederick George Keyes),发现锂的电化学活性出奇的高。

为此,他们进一步设计了经典的"三电极实验",精确地计算出了锂的电极电势,并且大胆预言——锂是具有最低电位的电极材料。

两位著名科学家的此言一出，便指引了无数科研工作者开展"将金属锂作为最终负极"的研究。

理论提出来了，但继续往下一步的实践，就不那么顺利了。

锂这个"顽童"太过于活泼，少有溶液是不与它发生反应的。所以，找到一种能与锂和谐相处的电解液也就成了实验中的当务之急。

终于，在 1958 年，美国的哈里斯（William Sidney Harris）发现可以采用有机酯溶液作为锂金属原电池电解质，首次确定了金属锂与有机电解质的组合，为锂电池的发展奠定了基础。

哈里斯的重要发现，使得人们对金属锂应用于可充电电池的研究热情进一步高涨。在接下来的十多年里，人们有了至关重要的发现——固体电解质膜（SEI）。

SEI 的发现解决了锂应用于可充电电池的最大问题。此时，人们距离造出可充电锂电池只剩下一步之遥。

小贴士

SEI 是由金属锂和有机电解液反应产生的一层钝化膜，它附着在金属锂的表面，对锂起着稳定和保护的作用。同时，SEI 就像传送带，能够来回传输电池中的工作物质——锂离子。

20世纪70年代,在全球石油危机的背景下,美国为了减少对石油进口的过度依赖,开始大力发展新能源和储能技术,对锂电池的研究与开发也就成为了重中之重。

美国石油巨头埃克森美孚公司,专门建立了可充电锂电池研究实验室,招揽了大批物理和化学界的顶级人才,其中就包括英国科学家、2019年诺贝尔化学奖获得者惠廷厄姆(Stanley Whittingham)。

经过近五年的研究后,惠廷厄姆以及他的同事以二硫化钛作为正极材料、锂铝合金作为负极材料,制成了世界上第一块可充电的锂电池,这种电池已经十分接近今天的锂离子电池。

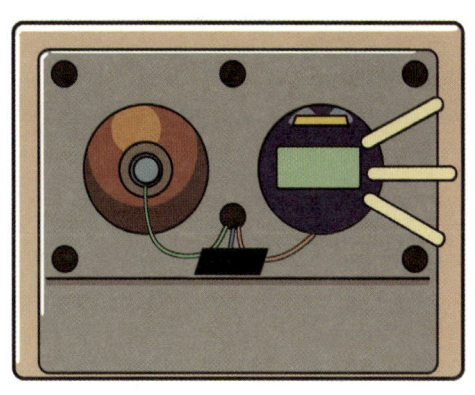

世界上第一块可充电的锂电池

锂电池为人们的生活带来了便利，但问题也随之而来。

一是电池无法量产的问题。作为世间上最活泼的元素之一，金属锂在常温下就能与氮气发生反应，如果组装过程稍有不慎，泄入了空气，轻则电池报废，重则起火爆炸。

二是安全问题。以金属锂作为电极材料的电池，在早期的使用过程中出现了严重的安全隐患。惠廷厄姆带领团队开发的锂电池问世不到半年，就因多起起火爆炸事故被召回。

电池小知识

金属锂会在负极上结晶,形成树枝状的金属锂——锂枝晶。当锂枝晶生长到一定程度,便会刺破隔膜,造成锂电池内部短路,引发电池自燃,甚至爆炸。

这种情况一直持续到 1987 年,加拿大的莫利能源公司(Moli Energy),推出了用二氧化钼作为正极、金属锂作为负极的锂电池,这种锂电池受到了全世界的追捧,成为一款革命性产品,也是第一款真正意义上广泛商业化的锂电池。

"锂"想的破灭与重生

即便是实现了量产,锂电池是否就安全了呢?这还需要经过时间的检验。

让人没想到的是,意外很快降临。1989年,莫利能源公司的锂电池产品发生了爆炸事故,这引发了整个市场对锂电池的恐慌。他们不得不召回了所有产品,然后在当年年底就宣布破产。

此次事件后,日本的电子巨头——日本电气股份有限公司(NEC),宣布永久放弃把金属锂作为负极用于可充电电池的技术路线。

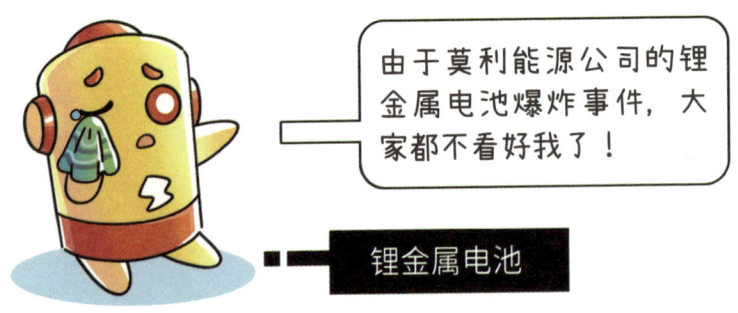

由于莫利能源公司的锂金属电池爆炸事件,大家都不看好我了!

锂金属电池

由于安全性差，锂金属电池很快便从大众视野中消失了，但人们对锂电池的研究并没有因此而终止。为了让电池变得更加安全，有研究工作者意识到——必须从负极材料的更替入手。

然而，负极材料的更换也会面临一系列问题：锂金属的电势很低，使用其他的化合物做负极就一定会提高负极电势，而这样一来锂电池整体的电势差就会减小，电池能量密度就会下降。

因此，除了寻找对应的高压正极材料以外，还需要找到合适的电池的电解液，以匹配正负极电压以及保证循环稳定，同时电解液的电导率和耐热性能还要好。

被这些问题困扰了很久后,研究者们才找到了一个较为满意的方案,那就是寻找一种嵌入化合物,来代替金属锂作为负极。

直到 1972 年,法国科学家——米歇尔·阿曼德(Michel Armand)提出,可以用一种电位较低的嵌锂插层化合物,来代替安全性较低的金属锂作为负极,并保证锂离子在正负极之间实现可逆嵌入与脱出。

这个理论被称为"摇椅式"概念,一直持续至今。这一概念阐明了锂离子电池的基本工作原理,将锂离子在正负极之间的穿梭形象地比作摇椅的摇动。

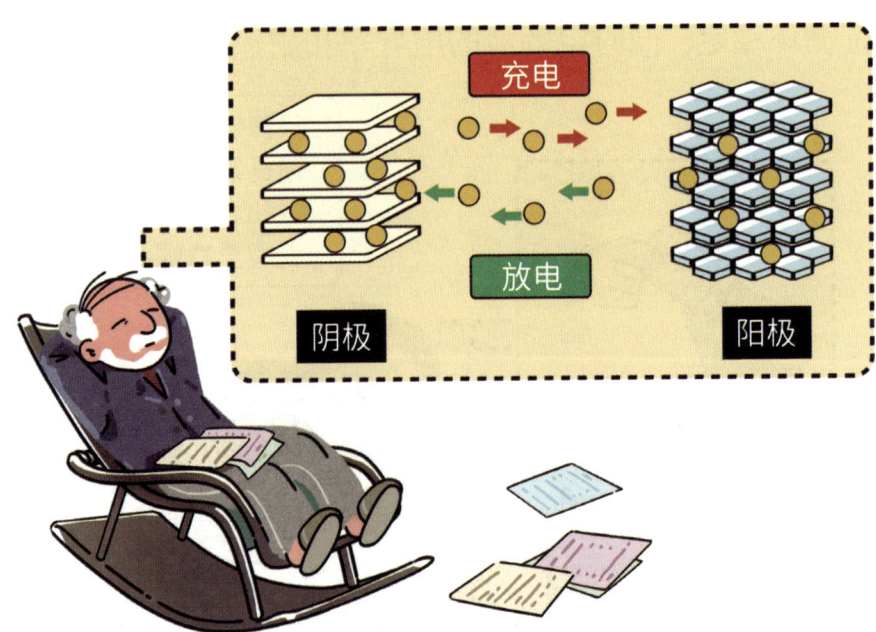

1980 年，美国科学家古迪纳夫（John Bannister Goodenough）受惠廷厄姆的启发，将正极材料的选择范围由金属硫化物调整为金属氧化物，这样既保证了正极材料在高电位时的稳定性，又提高了全电池的电压。

钴酸锂、锰酸锂以及磷酸铁锂三种正极材料，均出自古迪纳夫之手。于是，古迪纳夫的三次飞跃式的研究突破让锂离子电池迎来了曙光，

锂离子电池的诞生

正极的问题基本解决后,攻克负极这一难题成为重中之重。1985年,日本科学家吉野彰以石油焦为负极并以钴酸锂为正极,开发出了世界上第一个锂离子电池。

1991年,日本索尼公司对全新的锂离子电池进行商业化生产,也就是"18650锂离子电池",极大地推动了锂离子电池及相关领域的发展。

锂离子电池的问世为人类打开了安全、可充电世界的大门。作为可移动便携能源,锂离子电池屡屡大展身手,从通讯、办公到出行,到处都有它的影子。

电动滑板

电动摩托车

电动玩具车　　　　　电动自行车

为了表彰科学家们在锂电池的研究开发过程中作出的卓越贡献，2019年，瑞典皇家科学院宣布，将2019年诺贝尔化学奖颁发给在锂离子电池的发展史当中，最具有影响力的3位学者，他们分别是惠廷厄姆、古迪纳夫和吉野彰。

这三位都是我的"父亲"！

锂离子电池的未来

从 20 世纪末到 21 世纪初,几乎所有新出现的文明机器都由锂电池驱动。在未来,随着可穿戴设备的广泛运用,锂离子电池的应用范围将会进一步扩大。

目前,中国是全世界最大的锂电池生产国,也是最大的出口国。我国的锂电池产业正迎来飞速发展期,锂离子电池实现了从"中国制造"到"中国智造"的大转变。

与此同时，我国在锂电池产业链上的研发与扩产仍在继续，锂离子电池也因此出现了更多创新的方向。比如，全固态锂电池、锂硫电池等。据称，全固态锂电池能使锂离子电池的安全性大幅度提升，而锂硫电池的能量密度或可达现有锂离子电池的 2 倍，这些都是令人振奋的消息！

　　创新仍在继续，随着锂电池技术的不断迭代升级，角逐永不停止……

话说燃料电池

自从电被人类发现并投入生活和工业使用,如何低成本且大规模发电就成了几代科学家研究的重点。燃料电池作为一种发电效率高、环境污染小但成本也较高的发电装置,成为多年来被研究的一大难点。

燃料电池是一种把燃料所具有的化学能直接转换成电能的化学装置,又称"电化学发电器"。它是继水力发电、热能发电和原子能发电之后的第四种发电技术。

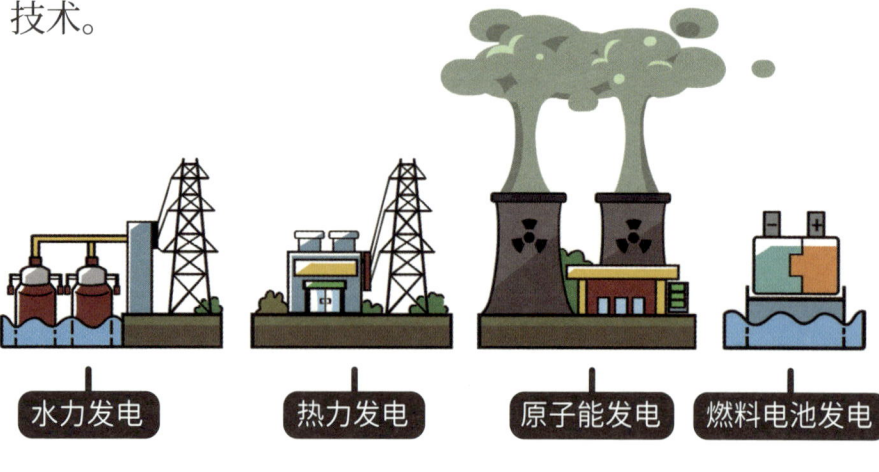

水力发电　　热力发电　　原子能发电　　燃料电池发电

燃料电池的起源

燃料电池已经有180余年的历史。世界上第一块燃料电池的产生,来源于人类对氢气的认知。

早在1776年,英国科学家亨利·卡文迪许便在锌金属与盐酸反应后捕获到了氢气,于是他认定:氢,是一种独特的元素。

后来,德国化学家克里斯提安·弗里德里希·尚班在1838年首次提出了燃料电池的原理,并将其发表在了当时著名的科学杂志上。

1840 年前后，英国物理学家葛洛夫（William·Robert·Grove）受到尚班的理论的启发，在水电解研究中首次发现了氢气可以用来发电的现象，并制造了世界上第一台氢氧燃料电池。

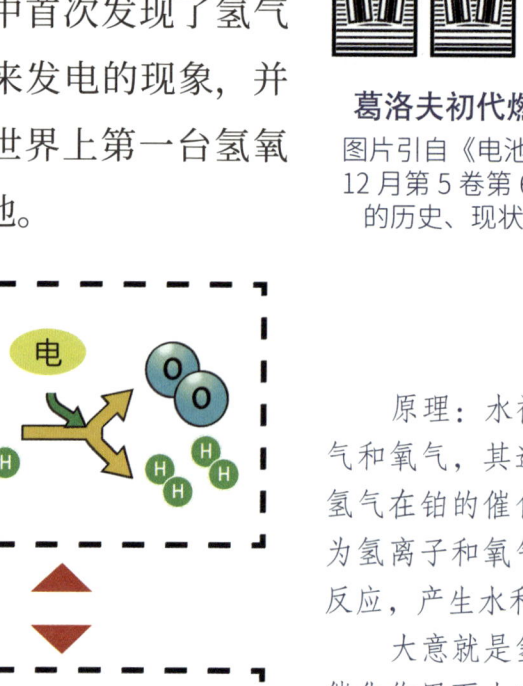

葛洛夫初代燃料电池草图
图片引自《电池工业》2000 年 12 月第 5 卷第 6 期《燃料电池的历史、现状和未来》图 1

原理：水被电解为氢气和氧气，其逆反过程为氢气在铂的催化作用下变为氢离子和氧气发生化学反应，产生水和电。

大意就是氢气在铂的催化作用下生成氢离子，氢离子通过电解液传输到氧气侧生成水，电子通过外电路传输发电。

因此，葛洛夫被称为"燃料电池之父"。

不过，由于燃料电池理论以及材料方面的不完善，伴随着火力发电和蒸汽发电技术逐渐成熟并开始被大规模投入使用。几相对比下，价格昂贵的燃料电池显得毫无竞争力，只能被退回到实验室继续研究。

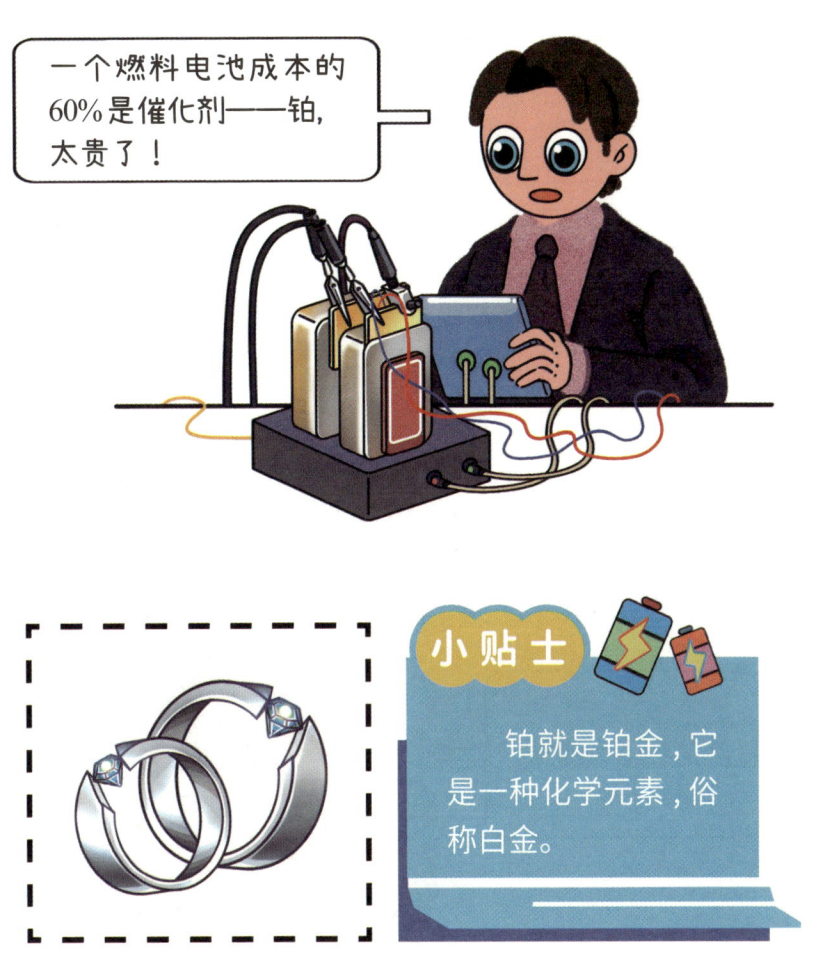

一个燃料电池成本的60%是催化剂——铂，太贵了！

小贴士

铂就是铂金，它是一种化学元素，俗称白金。

虽然成本较高,但燃料电池发电非常高效、简单,而且比当时盛行的火力发电也可靠许多。所以那时候的科研工作者们一直没有放弃对它的期待。

> 燃料电池能够直接将化学能转化为电能,能量转换效率可达 45%～60%,比火力发电以及核能发电都要高得多。

直到将近 100 年后的 1932 年,弗朗西斯·培根(Francis Bacon)制造出了第一个可以投入实际生产的燃料电池。这是第一个实质意义上的碱性燃料电池(AFC),因而又被称为"培根碱性电池"。

> 定个小目标,先满足一台电焊机所需的动力!

后来,培根又花了27年时间来改进这套装置,只希望它能够提供5千瓦的动力。

燃料电池的发展

20 世纪中期,人类对探索太空的需求成为了燃料电池技术发展的最大推动力。

尤其在载人航天领域,干电池太重,而当时的太阳能太贵,核能又太危险,现有的能源几乎都被排除了,除了研发一种新的能源以外别无他法。

终于,燃料电池因体积小、容量大的优势,在众多电池中脱颖而出,并且在 1960 年经过开发和应用新型催化剂后被成功升级,寿命变得更长、效率也更高了。

20世纪60年代,燃料电池首次被用在阿波罗登月飞船上,作为太空计划中电力和水的来源。

后来,燃料电池多次被用于航天飞行,为人类探索太空作出了卓越贡献。

那么,燃料电池是如何从太空中下到地面的呢?

进入20世纪70年代后,随着技术的不断进步,氢燃料电池逐步被运用于发电和汽车。

1966年,通用汽车公司推出了全世界第一款燃料电池汽车,它的动力系统由32个串联薄电极燃料电池模块组成,持续输出功率为32千瓦,峰值功率达到160千瓦,完美展示了燃料电池技术的可行性潜力。

全球第一款燃料电池汽车——Electrovan

目前，燃料电池汽车加一次氢，最长可续航500公里以上，价格远远低于燃油汽车。

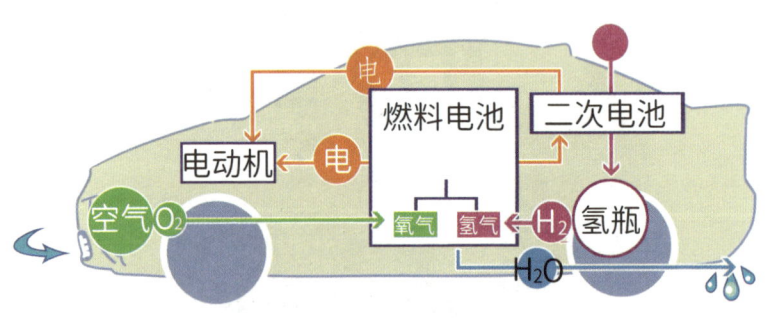

汽车中燃料电池的工作原理

研究燃料电池的必要性

氢能源几乎取之不尽，是地球上储量最大的能源之一。当氢气与氧气在燃料电池中发生反应时，只会产生热量和水，是最清洁的能源。

燃料电池的优势：

1. 没有废弃物，环保；
2. 发电效率高；
3. 低噪声；
4. 低成本。

随着时代的发展，燃料电池技术逐渐成熟，性能在不断提升，应用在不断拓展，可以说是已经取得了重大进展。目前，已经发展到了第四代燃料电池技术，并在一定程度上实现了商业化。

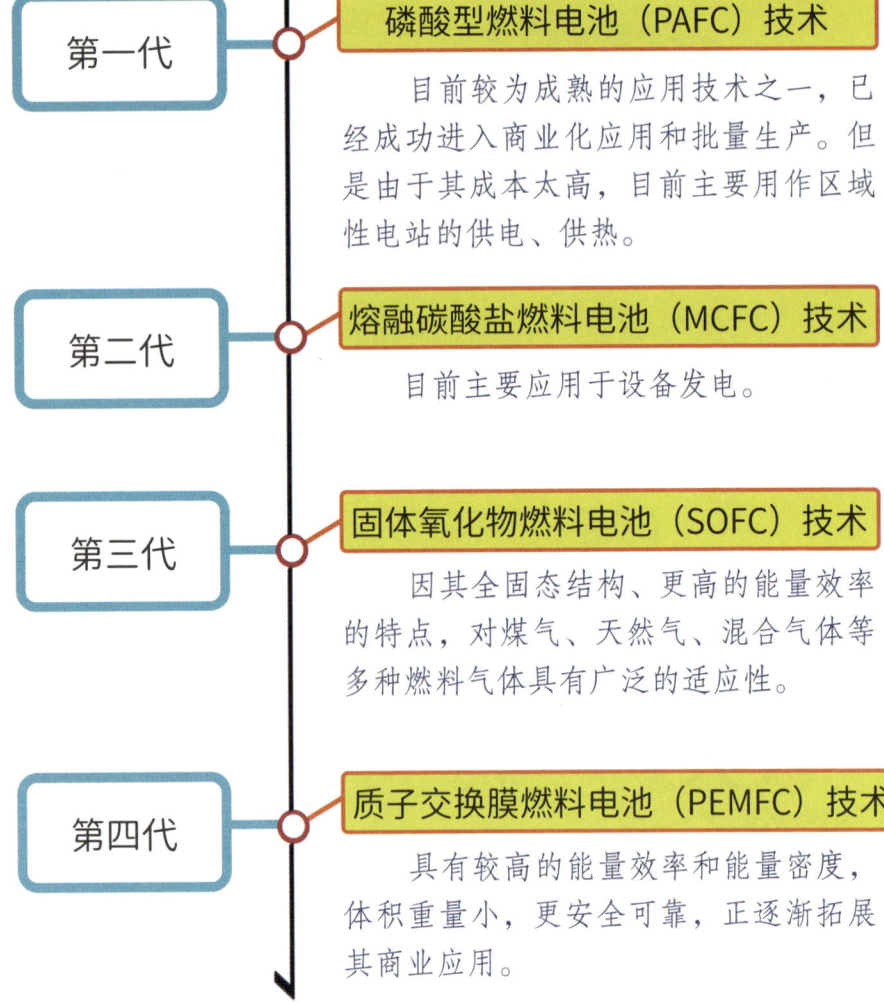

第一代 — 磷酸型燃料电池（PAFC）技术

目前较为成熟的应用技术之一，已经成功进入商业化应用和批量生产。但是由于其成本太高，目前主要用作区域性电站的供电、供热。

第二代 — 熔融碳酸盐燃料电池（MCFC）技术

目前主要应用于设备发电。

第三代 — 固体氧化物燃料电池（SOFC）技术

因其全固态结构、更高的能量效率的特点，对煤气、天然气、混合气体等多种燃料气体具有广泛的适应性。

第四代 — 质子交换膜燃料电池（PEMFC）技术

具有较高的能量效率和能量密度，体积重量小，更安全可靠，正逐渐拓展其商业应用。

燃料电池技术的研究与开发是21世纪重要的高科技产业之一，燃料电池已应用于汽车工业、能源发电、船舶工业、航空航天、家用电源等行业，受到全世界的高度重视。

话说碱锰电池

碱锰电池的全称为"碱性锌锰电池",它是由锌锰干电池发展而来的,碱锰电池可以说是锌锰干电池的升级换代版高性能电池。

锌锰干电池是历史最悠久的干电池,自100多年前诞生以来,它的发展经历了漫长的演变。

碱锰电池与锌锰干电池最大的不同就是"碱性"与"酸性"的区别。且锌锰干电池含汞，不可以随生活垃圾处理，需要单独回收，随意丢弃会造成环境污染；而碱锰电池是不含汞的，不需要单独回收。

另外，锌锰干电池相较于碱锰电池来说，虽然体积小、携带更加方便，但放电功率比较低，低温性能比较差；而碱锰电池即便是在低温环境下也可以正常工作，因此在高寒地区，碱锰电池更适用。

还有，碱锰电池的电极结构与普通干电池相反，增大了正、负极之间的相对面积，使电池性能更加稳定且容量更大。

目前，碱锰电池正在慢慢取代酸性锌锰电池，成为主流。

话说镍镉电池

19世纪90年代,有个叫尤格涅尔(Jungner)的年轻人做了一件了不起的事情。

尤格涅尔所在的瑞典,由于地处北欧,那里日照时间短,冬季长达半年,每年12月有很多地方几乎整日不见阳光。

在没有电灯的年代,瑞典所有的家庭都会备有大量蜡烛。那时,蜡烛就像食物和水一样,是人们生活的必需品,但这也带来了火灾隐患。

于是,年仅19岁的尤格涅尔便设计了一个由热电偶串联组成的火灾报警系统,用来提示火情。

原则上这个报警器可以很好地工作,但是由于它的电力来源于当时性能还很不稳定的干电池,导致报警器有些时候并没有发挥很好的效用。这让尤格涅尔大为头疼,他下定决心要创造一种性能优于干电池和铅蓄电池的电源,并展开了艰苦的实验。

终于,在1899年,尤格涅尔的目标得以实现,他发明出了最早的镍镉电池,也是最早出现的干式充电电池,这种电池解决了早期的铅酸电池漏液的问题。

经过数十年的改良,1930年的镍镉电池已经可以承受大电流密度的放电,开始被广泛用于军事领域。它在第二次世界大战中大展风采,出现在通信电台、坦克、装甲车辆、飞机等装置的配套电源里。

到了 20 世纪 60 年代，由于战争的缘故，镍镉电池在短期内得到迅速发展。由于可以满足高负载、大功率的需要，它还被用于卫星，在人类航天事业的发展中起到重大的作用。还有火箭、导弹、电子计算机、助听器等，这些地方都有镍镉电池的身影。那个时候，它处于一片蓬勃向上的发展中。

不过，由于镍镉电池在废弃后对环境危害较大，并且在充电过程中，可能由于内部受损而发生事故，基于环境保护与健康等原因，在 2005 年左右逐渐被镍氢电池取代。

镍氢电池对自然环境没有污染，没有记忆效应，在镍氢电池被创造出来之前，镍镉电池可以说是电池行业的老大。但是，自镍氢电池诞生以后，短时间内便占领了镍镉电池的市场，巨无霸电池老大的地位也就慢慢易主了。

到如今，大部分发达国家已建议禁止使用镍镉电池，市场上已经不多见镍镉电池的存在了。

未来电池之争

随着更加智能化时代的到来,未来将会是电池供能的时代,这势在必行。

未来电池构想

移动技术的发展在很大程度上取决于电池技术的发展,在当前的科技背景下,电池的发展可以说是直接影响到人类社会现代文明的发展。

从电动汽车到工业级太阳能电厂,电池都将是更清洁、更高效的能源系统的关键所在。

锂离子电池轻便、性价比不错而且可重复充电，与下一代商用的化学电池相比，可以提供更高的能量密度，自从问世以来就成为了为移动设备供电的主要方式。

然而，即使是已经拥有了堪称完美的电力来源，研究者们依然对新型电池保持着极高的热情与想象力。

例如我国在1991年首创的以铝-空气-海水为能源的新型电池，它被命名为"海洋电池"。

海洋电池构想

海洋电池可谓是海洋用电设施的能源新秀，它以稳定可靠、长效、无污染的优势替换掉了之前的锌锰电池等一次电池，以及需要先充电、再给电的镍镉电池等二次电池。

研究者们在积极寻找新一代电池技术的道路上，对电池材料的选取也在不断地寻求突破，如从铅酸电池到磷酸铁锂电池、三元锂电池、钠离子电池等。

有的研究者则选择在电池结构上下功夫，如改良的刀片电池和弹匣电池，甚至是颠覆传统的固态电池。

新一代电池的竞争日益激烈，角逐者不乏有颇为新奇的概念。

未来电池构想

比如：液态电池；运行温度堪比汽车引擎工作温度的熔态金属电池；以盐水作为原料的电池；能将电池价格降低到现在的锂离子电池价格五分之一的锂-空气电池；还有能利用水和植物的光合作用来产生能量的植物电池；甚至还有比人的头发小、储电量却很大，并且能够快速充电和放电的纳米电池等一系列神奇的"超级电池"。

机遇总是伴随着挑战，当前的人类就正在面临科学与技术边界的挑战。

尽管新型电池备受追捧，但离实现真正产业化尚有距离。从目前的发展情况来看，无论是镁电池、锌电池还是钠电池，在技术和材料等方面仍有诸多难题待解。

因此，在加快布局各种替代技术方案的同时，深挖锂电池性能潜力、提升产品质量仍是不二之选。

图书在版编目（CIP）数据

电池简史 / 马建民主编. — 成都：电子科技大学出版社，2024.7

（"电池科普与环保"系列图书；2）

ISBN 978-7-5770-0416-7

Ⅰ.①电… Ⅱ.①马… Ⅲ.①电池－技术史－世界－普及读物 Ⅳ.① TM911-091

中国国家版本馆 CIP 数据核字（2023）第 135534 号

电池简史
DIANCHI JIANSHI

马建民　主编　咪柯文化　绘

策划编辑	谢忠明　段　勇
责任编辑	黄杨杨
责任校对	谢忠明
责任印制	段晓静

出版发行	电子科技大学出版社 成都市一环路东一段 159 号电子信息产业大厦九楼　邮编 610051
主　　页	www.uestcp.com.cn
服务电话	028-83203399
邮购电话	028-83201495

印　　刷	四川煤田地质制图印务有限责任公司
成品尺寸	148 mm×210 mm
印　　张	4.25
字　　数	65 千字
版　　次	2024 年 7 月第 1 版
印　　次	2024 年 7 月第 1 次印刷
书　　号	ISBN 978-7-5770-0416-7
定　　价	32.00 元

版权所有，侵权必究